TABLEAU

DES PROPRIÉTÉS

DES EAUX MINÉRALES

DE LA CÔTE DE CHÂTILLON,

PRÈS DE BELLEY.

TABLEAU

DES PROPRIÉTÉS

DES EAUX MINÉRALES

DE LA COTE DE CHATILLON, PRÈS DE BELLEY,

DÉPARTEMENT DE L'AIN;

Par M.-A. CYVOCT, Docteur en médecine, Membre correspondant de la Société médicale de Paris, de la Société d'Agriculture du département de l'Ain; Médecin en chef pour les Épidémies et la Vaccine, dans l'arrondissement de Belley, etc.

A BOURG,

DE L'IMPRIMERIE DE P.-F. BOTTIER, IMPRIMEUR DU ROI,

M. DCCC. XVIII.

TABLEAU

Des Propriétés des Eaux minérales de la Côte de Châtillon, près de Belley.

JE publiai, en 1804, une notice sur les Eaux minérales de la Côte de Châtillon.

Quelques années après, le docteur Tenand fit sur ces Eaux un mémoire qu'il adressa à S. Ex. le Ministre de l'intérieur, dans l'espérance d'obtenir du Gouvernement les fonds nécessaires pour les réparer.

Les Autorités administratives de la ville de Belley, pour remplir les vœux de leurs concitoyens, et dans des vues générales d'intérêt public, viennent de les faire restaurer et embellir.

Animé du desir de concourir au même but, j'ai réuni les matériaux recueillis par le docteur Recamier, mon beau-père, à ceux déjà mis en ordre par le docteur Tenand, et je présente aujourd'hui un tableau ou plutôt une esquisse de leurs propriétés.

Si ce travail, tout imparfait qu'il est, contribue à les faire connaître, et à étendre leur réputation hors des limites de la province où elles sont situées, j'aurai atteint le but que je me suis proposé.

Pour procéder avec ordre, je m'occuperai successivement de l'histoire des Eaux minérales de la Côte de Châtillon, de la topographie des lieux où elles se trouvent placées, de la nature des terres à travers lesquelles elles coulent, de l'analyse de ces Eaux, et enfin de leurs effets sur le corps humain en état de santé ou de maladie.

Histoire des Eaux minérales de la Côte de Châtillon.

Elles furent découvertes en 1783, par le docteur Recamier, de Belley. Ce médecin, aussi recommandable par ses vertus sociales que par ses connaissances en médecine et en chimie, fit part de cette découverte à la Société Royale de médecine de Paris, le 17 juillet 1783.

Il mit beaucoup de zèle à les faire connaître, et parvint à fixer sur elles l'attention des Autorités administratives.

En 1784, MM. les Syndics de la province du Bugey firent un envoi des Eaux minérales de Châtillon, à M. Guyton de Morveau. Ce célèbre chimiste en fit l'analyse par les réactifs, dans une séance publique de l'Académie de Dijon, présidée par M.gr le Prince de Condé, protecteur de cette Société savante, le 2 août 1784.

Nous allons donner un extrait de cette analyse :

« L'Eau minérale de la Côte de Châtillon, à un » quart de lieue de Belley, (dit M. de Morveau), » nous a fourni le sujet de plusieurs expériences » pour découvrir et démontrer la qualité de cette Eau.

» Afin d'estimer sûrement ce qu'elle aurait pu perdre » de son gaz dans le transport, M. de Morveau avait

„ demandé qu'on lui envoyât une bouteille dans la-
„ quelle on aurait d'abord mis une livre de chaux
„ filtrée, et ensuite remplie de l'Eau de la fontaine,
„ à la source, suivant la méthode de Gioanetti.

„ Il avait réservé une bouteille entière de cette
„ Eau pure, goudronnée et couverte d'une vessie
„ bien ficelée, pour être ouverte à cette séance et
„ servir aux expériences qu'il se proposait de faire
„ sous les yeux de l'assemblée.

„ Il en a versé dans l'eau de chaux, elle est
„ devenue laiteuse.

„ L'acide du sucre y a occasionné sur-le-champ
„ un précipité grenu.

„ La dissolution du muriate barotique, ou sel
„ marin à base de terre, n'y a produit aucun chan-
„ gement.

„ Il n'en a pas été de même de la dissolution
„ d'argent et de la dissolution de nitre mercuriel.

„ Elle a pris avec l'alcool gallique, ou teinture
„ de noix de galle, une couleur d'un pourpre très-
„ foncé.

„ Le prussiate de potasse, ou alkali phlogis-
tique lui a donné une couleur bleue-tendre, sen-
siblement mêlée de blanc.

„ Enfin, un morceau d'alun jeté dedans, y a
„ produit un précipité en forme de nuage léger.

„ Il restait à déterminer la quantité de fluide ga-
„ zeux, dont l'eau de chaux avait bien démontré la
„ présence; M. de Morveau y est parvenu par un

» procédé nouveau, très-commode et très-expéditif:
» il consiste à verser dans un grand vase cylindrique
» une mesure déterminée de bonne eau de chaux,
» faite avec de l'eau distillée, et d'y ajouter à peu-
» près autant de l'eau à éprouver qu'il est nécessaire
» pour redissoudre complétement la portion de terre
» précipitée qui l'avait rendue laiteuse. Le point de
» saturation est constant et il se manifeste d'une
» manière bien sensible par la transparence et la
» limpidité de la liqueur. Les degrés de l'échelle
» tracés sur le cylindre répondent à des pouces cu-
» biques par pinte, et cette graduation se fait aisé-
» ment en faisant prendre d'abord à l'eau pure un
» volume de gaz acide méphitique, et en affaiblis-
» sant ensuite cette eau par l'addition successive de
» plusieurs parties d'eau pure, qui indiquent dans
» l'expérience les différens termes de la division.

» Il est vrai que cette méthode peut donner des
» résultats différens à quantité égale de gaz, quand
» l'eau est en même temps chargée d'un peu de
» calce, parce qu'alors le précipité qu'elle forme dans
» l'eau de chaux est composé du calce de l'eau de
» chaux et de celui que l'eau a porté avec elle, et
» qu'ainsi il faut ajouter une quantité proportionnelle
» d'eau méphitisée pour redissoudre toute cette terre
» par excès d'acide ; mais comme l'acide du sucre
» et l'alun ont fait connaître d'avance ce qu'une partie
» déterminée de l'eau à éprouver tient de calce, on
» retrouve par une simple soustraction, le vrai terme
» qui indique le nombre de pouces cubiques du gaz
» contenu dans l'eau.

« M. de Morveau s'est trouvé en droit de conclure,
» de ces expériences que l'eau de la Côte de Châtillon
» est très-riche en gaz acide; qu'elle est chargée
» d'environ 28 pouces cubes de ce fluide par pinte;
» qu'elle tient quatre grains de chaux, près d'un grain
» et demi tant de fer que de manganèse, et qu'elle
» ne contient d'ailleurs ni sel vitriolique, ni sel
» muriatique.

« Cette conclusion annonce une Eau minérale au
» moins aussi précieuse que celle de Spa, qui ne
» tient que 18 pouces de gaz, qui n'est pas plus fer-
» rugineuse, qui est chargée d'à peu-près autant de
» calce, et qui contient un peu de sel commun. »
(*Académie de Dijon, séance du 2 août* 1784.)

MM. Touvenel et Bletton visitèrent Châtillon en
1785, ce dernier indiqua plusieurs filons.

En 1787, la province fit faire des fouilles et creu-
ser des canaux, pour réunir, dans un réservoir commun, les différentes branches de la source qui cou-
laient au bas du coteau. On construisit sur le bord
de la rivière de Furans, à côté du pont de Thoys,
un bâtiment propre à fermer le bassin et à recevoir
les malades.

Ces travaux restèrent incomplets par l'effet de la
révolution, et le bâtiment était à peine achevé,
qu'on en provoqua la vente; sa conservation est due
au zèle éclairé de M. Charcot, alors Maire de la
ville de Belley, et depuis Sous-Préfet.

Les circonstances des temps ont empêché, pendant près de trente ans, d'achever les travaux qu'on avait commencés à Châtillon en 1787. On avait placé un concierge dans le bâtiment, mais le défaut d'entretien et de réparations le rendit inhabitable au bout de quelques années; il menaçait de tomber en ruines, lorsqu'en 1817, M. le Chevalier des Écherolles, Sous-Préfet de l'arrondissement de Belley, ordonna de le réparer.

M. de Villeneuve, Maire de la ville de Belley, a présidé à ces travaux avec le zèle et l'activité qu'il porte dans tout ce qui intéresse la Société. Il a non-seulement fait réparer le bâtiment, mais en outre il a fait faire les travaux convenables pour empêcher les eaux de Furans de se mélanger avec les Eaux minérales (mélange qui avait lieu dans les grandes crues de la rivière), et pour écarter du bassin les eaux pluviales provenant des terreins supérieurs, et par-là leur a rendu toute leur pureté.

On a construit un bassin aussi élégant que commode, dans lequel l'Eau minérale est retenue en assez grande quantité pour fournir plus de deux cents pintes par heure.

En 1817 les Eaux minérales de la Côte de Châtillon ont été fréquentées par une société nombreuse et brillante, dans laquelle on comptait plusieurs étrangers distingués par la fortune et le rang; elles ont donné lieu à plusieurs fêtes charmantes, dans lesquelles l'esprit et les grâces se trouvaient parés de cette gaîté vive et naturelle, qu'inspirent les charmes de la campagne.

Topographie de la Côte de Châtillon.

La Côte de Châtillon est située à un quart de lieue de Belley (1), au sud-ouest de cette ville ; sa base est appuyée sur une prairie qu'arrose la rivière de Furans, au-dessus de laquelle le coteau s'élève à la hauteur de 40 mètres.

Des moulins placés sur la rive opposée, un pont où se réunissent les chemins qui conduisent de plusieurs villages à la ville ; Arbignieu, placé à peu de distance sur le penchant d'un coteau; Thoys, plus rapproché encore et situé dans la plaine, concourent à donner du mouvement à cette partie de la vallée.

La coupe irrégulière des collines voisines, les ruines du château de Thoys, démoli pendant la tourmente révolutionnaire, un torrent qui s'échappe à travers des rochers, tombe en cascade au pied de ces ruines et fournit au jeu de plusieurs moulins placés au-dessous; un ruisseau, dont les bords plantés de saules et de peupliers servaient d'avenue à ce château, donnent un air romantique à ce paysage.

Les bords verds de Furans, qui voient couler une eau limpide, les coteaux qui se groupent au nord et au midi et se couronnent de verdure; la vigne en hautins (2), qui tapisse leurs flancs et mélange ses pampres aux moissons; les montagnes qui s'élèvent au couchant et dont les sommets se dessinent dans l'horison, rendent le point de vue de Châtillon un des plus beaux qu'on puisse rencontrer.

----

(1) Voyez les notes à la fin.

La végétation de Châtillon est belle, la pente de la colline est boisée, le chêne, l'orne, le merisier, le châtaigner, le peuplier et le tremble y mélangent leur verdure; l'aubépine, le genevrier et une foule d'autres arbustes tapissent le pied du coteau. Au-dessus sont placées des maisons de campagne, des métairies entourées d'arbres fruitiers, de vignes et de bosquets qui donnent aux abords de Châtillon une variété qu'on ne se lasse pas d'admirer.

Nature des terres qui forment la Côte de Châtillon.

La Côte de Châtillon incline à l'ouest sous un angle de 45 degrés. Sa première couche est formée de terre végétale mêlée de sable, d'argile marneuse et de l'humus que lui fournissent les débris des végétaux et l'engrais répandu par la main des hommes; sa plus grande épaisseur est d'un mètre et demi.

Le banc qui se présente ensuite a partout un mètre d'épaisseur, il incline au sud-ouest avec quelques légères déviations; il est composé de sable ordinaire; de sable ferrugineux mêlé de carbonate de chaux en petites masses plates et ovales, de 4 à 8 centimètres de largeur, de craie très-blanche, en morceaux irréguliers, plus dure que la première; de terre calcaire en poudre, d'un blanc-sale.

La troisième couche, beaucoup plus épaisse, est une masse sablonneuse qui renferme des lames plus ou moins minces de sable rapproché, gris-ocreux, qui commencent à se durcir; des blocs de grès qui varient pour la couleur et pour les formes. Les uns sont gris, d'autres plus ou moins foncés; les uns affectent des angles droits, d'autres ont des formes cylindriques, etc. Ces bancs offrent quelques crevasses perpendiculaires et obliques, qui sont garnies par de la terre calcaire en poudre.

Nous avons soumis ces diverses substances à l'action de l'acide acétique, et nous avons pris le poids de 36 grains (environ 2 grammes) pour terme commun.

Avant de les soumettre à l'action du réactif, nous avons noté le poids du résidu desséché dans une première colonne, et le déchet, résultat du dégagement de l'acide carbonique, dans une deuxième colonne. On pourra voir d'un coup-d'œil la proportion dans laquelle cet acide est mêlé à ces diverses substances.

	Dépôt desséché.	évapor. du gaz.
	grains.	grains.
1.re Craie en morceaux arrondis, très-blanche	6	3o
2.e Craie dure, plus blanche, de forme irrégulière	9	27
3.e Terre calcaire en poudre, d'un blanc-sale	9	27
4.e Sable durci en lames plus ou moins minces	22	14
5.e Grès gris-ferrugineux.	25	1 f
6.e Sable ferrugineux-ocreux	25	11
7.e Argile marneuse gris-sale	26	10

(Les sept lignes précédées de l'accolade : 36 Grains de)

La Côte de Châtillon est donc un composé de toutes ces substances que l'acide carbonique baigne de toutes parts.

De cette masse et de la base du coteau, sortent plusieurs petites sources à des distances et des hauteurs qui se rapportent à l'inclinaison des bancs qui les fournissent; leurs trajets sont indiqués sur le sol par un dépôt ocreux considérable et une pellicule irisée qui recouvre la surface de l'eau lorsqu'elle est stagnante ou qu'elle coule lentement.

La nature des terres à travers lesquelles les eaux filtrées deviennent minérales, indique les substances dont elles se chargent dans leurs cours; mais c'est à l'analyse que nous en devrons la connaissance positive.

Analyse de l'Eau minérale de la Côte de Châtillon.

C'est dans le mois de juillet 1817, à six heures du matin, que nous avons puisé l'Eau de la fontaine de Châtillon, que nous avons soumise à l'analyse.

Le thermomètre de Réaumur, placé dans l'atmosphère, était à 17 degrés.

Plongé dans la fontaine, il est descendu à 14 d.

Cette Eau est limpide, elle a une saveur ferrugineuse et légèrement acidule; elle pétille quand on la vide dans des vases; elle a une légère odeur de fer frotté par des mains humides.

L'eau de chaux l'a d'abord rendue laiteuse, puis a formé un précipité considérable.

L'acide oxalique a fourni un précipité d'un beau blanc, d'un gout sucré légèrement acide.

Le prussiate de potasse lui a donné une couleur bleue-tendre, et 24 heures après le mélange, un précipité d'un beau bleu de prusse.

Le nitrate d'argent n'a point produit de changement dans le premier moment, mais cinq minutes après le mélange, il s'est manifesté une couleur pourpre légère, et 12 heures après, un dépôt brun pulvérulent en très-grande quantité.

Le nitrate de mercure a blanchi promptement

l'eau à quatre à cinq lignes de profondeur; mais cet effet a bientôt disparu, 24 heures après le mélange, précipité pulvérulent jaune léger, mêlé d'un peu de blanc.

Le muriate de barite n'a point produit de changement, mais 12 heures après le mélange, dépôt léger pulvérulent d'un jaune sale.

L'alcool gallique lui a donné une couleur vineuse ou violet foncé; 24 heures après le mélange, dépôt ressemblant à des légers débris de végétaux de couleur brune.

L'alun l'a d'abord rendue laiteuse, mais la dissolution a été bientôt complète, et l'eau est devenue d'une limpidité brillante.

Un litre de cette Eau mise dans un matras, a fourni par la dissolution trente pouces cubiques de substances gazeuses.

Pour en connaître la nature, nous avons introduit de la potasse caustique dans les flacons où elles avaient été recueillies, et nous les avons agités.

Le vide s'est fait, et recueillant le gaz restant, nous avons obtenu 2 pouces cubiques d'air atmosphérique et 28 pouces cubiques de gaz acide carbonique.

Nous avons jeté de l'acide oxalique sur un demi-kilogramme de cette Eau, et le précipité lavé, sèché et calciné, a donné 1, 50 de chaux.

Nous avons soumis la même quantité à l'action de la chaux, et nous avons obtenu un précipité de 25 grains, dont il faut déduire un grain pour l'oxide de fer, tenu en dissolution par l'acide carbonique; les 24 grains restant indiqueront 8. 20 acide carbonique combiné à 1. 50 de chaux, évalué à 96 : nous avons donc 7 , 24 d'acide carbonique libre.

Quatre kilogrammes de cette Eau mise à évaporer, ont laissé un résidu de 40 grains, soit deux grammes et quelques centigrammes, que nous avons fait dissoudre dans l'eau distillée par l'ébullition ; cette Eau, soumise à l'action du muriate de barite, a donné 6. 25 carbonate de chaux ; nous avons versé de l'acide muriatique sur la partie qui n'avait pas été dissoute ; il y a eu effervescence, et la dissolution a été complète. Nous avons fait évaporer à siccité pour décomposer le muriate de fer, et nous avons redissous dans l'eau distillée ; il est resté 9. 75 oxide de fer.

L'eau de la dissolution précipitée par l'acide oxalique a donné un produit séché et calciné de 14 grains de chaux.

En récapitulant , nous avons :

Carbonate de chaux . . . . :   6 grains 025.
Oxide de fer   9   75.
Chaux.   14   „
Et comme la chaux a été carbonatée,
il faut y ajouter acide carbonique . . .   8   „
                                        —————————
                        Total . . .   38   „
                        Perte . . .   2   „
                                        —————————
                        Total . . .   40 grains.

On peut donc conclure que l'eau de la Côte de Châtillon contient par pinte ou kilogramme :

Acide carbonique libre, pouces cubiques,   28 p.
Acide carbonique uni à la chaux. . .   2 grains 196.
Chaux.   3   428.
Oxide de fer.   2   020.

Cette analyse a donné à peu-près les mêmes résultats que celle faite en 1784 , par M. de Morveau ; elle confirme ce que ce savant chimiste a dit des Eaux de Châtillon.

Effet des Eaux minérales de la Côte de Châtillon, sur l'homme en état de santé ou de maladie.

Les Eaux minérales de la Côte de Châtillon, prises à la dose de cinq à six verrées, produisent chez quelques personnes une sécrétion abondante de salive, quelquefois des nausées et le vomissement ; chez d'autres, elles purgent dans les premiers jours de leur usage ; chez le plus grand nombre, elles passent par les urines dont elles augmentent la sécrétion, agissent avec beaucoup de promptitude et d'activité sur les organes digestifs et donnent constamment de l'appétit.

On peut en faire usage toute l'année, mais c'est particulièrement dans la belle saison, depuis le mois d'avril jusqu'au mois de novembre, qu'on les prend à la source avec beaucoup d'agrémens et de succès. L'exercice et la promenade , dans un pays très-salubre, et par une température douce, en secondent efficacement les effets.

On les prend le matin, à jeun, à la dose d'un litre au plus ; en mettant un intervalle de huit à dix minutes entre chaque verrée ; on se promène pendant leur effet, à pied, à cheval ou en voiture, suivant le goût ou l'état des malades.

On peut aussi les prendre au lit, mais alors, il faut avoir l'attention d'appliquer sur la région de l'estomac, des linges chauds, surtout pendant les premières verrées ; elles passent alors dans les vaisseaux absorbans, pénètrent le tissu cellulaire et déterminent une transpiration douce pendant laquelle les malades éprouvent un grand bien-être.

Cette dernière méthode convient aux personnes affaiblies par des maladies dont les crises ont été incomplètes ; à celles qui éprouvent des malaises, des douleurs dans les régions épigastriques et précordiales, et qui tendent à la leucophlegmatie ; et à celles enfin auxquelles l'état de leur santé ne permet pas de faire de l'exercice.

Il est constant, d'après les observations nombreuses recueillies par les docteurs Recamier et Tenand, et par celles qui me sont personnelles, que les eaux de la Côte de Châtillon sont d'une très-grande efficacité dans les fièvres intermittentes de long cours, surtout à la fin de ces maladies ; dans les engorgemens, les empâtemens des viscères abdominaux et particulièrement du foie ; dans les obstructions même quand elles ne sont point encore arrivées à l'induration et au squire.

Les dartres qui tiennent aux dérangemens des sécrétions de la bile, les anorexies, les dyspepsies, quelques affections hypocondriaques cèdent presque toujours à leur usage.

Elles sont d'une très-grande utilité dans la chlorose et les différens dérangemens de la menstruation, par défaut de ton, dans les fleurs blanches ou menorrhées par atonie.

Les personnes chez lesquelles la mobilité du genre

nerveux trouble l'absorbtion et la nutrition ; celles dont l'estomac est faible et délicat, se trouvent très-bien de l'usage des Eaux minérales de Châtillon, associées avec le lait.

Elles peuvent être nuisibles dans les cas de fièvre étique, de squire confirmé, d'ulcérations, de phtysie pulmonaire, de supurations internes et de consomption.

Il convient et il est prudent, avant d'en faire usage, de connaître la maladie dont on est atteint, et de prendre les conseils d'un médecin sur la manière dont on doit en user.

Pour prouver l'efficacité des Eaux minérales de la Côte de Châtillon, je pourrais présenter un grand nombre d'observations qui me sont propres et qu'appuyeraient celles recueillies par les médecins qui m'ont précédé ou qui pratiquent dans l'arrondissement de Belley ; elles inspireraient sans doute, en faveur de ces Eaux, plus d'intérêt et de confiance aux médecins et aux malades ; mais elles dépasseraient les bornes que je me suis imposées dans ce travail.

Ces Eaux tiennent leur réputation de l'analyse qui les place à la tête des eaux gazeuses et ferrugineuses connues.

L'établissement qui les contient étant convenablement réparé et embelli, elles pourront être fréquentées par les nationaux et les étrangers qui les apprécieront par les effets salutaires qu'ils retireront de leur usage, et par les avantages et les agrémens particuliers au pays où elles sont situées.

On ne saurait révoquer en doute que la position des Eaux minérales ajoute à leurs effets ; l'homme malade a besoin de respirer un air pur, de se nourrir d'alimens sains ; il a besoin surtout de distraction et d'impressions agréables ; c'est en parcourant des campagnes riantes, au milieu d'un cercle d'amis ou de personnes aimables, qu'il peut espérer de guérir son imagination, tandis que les Eaux minérales fouillent dans les derniers replis de son organisation pour en déraciner les maux qui l'assiègent.

Tout le monde sait que plus les moyens employés pour la guérison des maladies sont simples et pris dans les préparations que la nature fournit sans les secours de l'art, plus ils sont doux, efficaces et du goût de tous les hommes : c'est l'avantage que présentent les Eaux minérales prises avec soin.

NOTES.

(1) Belley, anciennement capitale de la provinee du Bugey, (a) aujourd'hui chef-lieu d'une sous-préfecture dans le département de l'Ain, est situé sur la rive droite du Rhône, à une lieue de ce fleuve, à douze de Bourg, quinze de Lyon, douze de Genève et cent vingt de Paris.

(a) Le Bugey, qui compose la partie orientale du département de l'Ain, est formé en grande partie par une masse de montagnes calcaires qui sont une suite de la chaîne du Jura. Ces montagnes ont leur direction du nord-ouest au sud-est ; elles sont couvertes de forêts et de pâturages au milieu desquels sont placés des villages et des chalets ; leurs bases sont entourées de vignes qui fournissent des vins rouges et blancs d'une excellente qualité.

Une plaine de deux à trois lieues d'étendue termine ces montagnes au couchant et forme la rive gauche de la rivière d'Ain : cette partie de l'arrondissement de Belley est connue sous le nom de Bas-Bugey.

Ces montagnes forment au sud-est un bassin baigné par les eaux du Rhône et fermé de toutes parts. On pénètre dans cette enceinte par plusieurs points, mais la communication principale se trouve établie à l'ouest par une très-belle route pratiquée au milieu des flancs écartés d'une montagne dont les angles saillans et rentrans se correspondent parfaitement ainsi que les bancs qui les forment.

L'espace que la route parcourt entre ces montagnes porte le nom de Gorges de St.-rambert; elles présentent dans l'espace de cinq lieues de longueur deux petites villes, plusieurs villages, deux rivières, des lacs, des cascades, des bois charmans, des rochers nus et sourcilleux; et l'on admire en les traversant, d'une part les beautés majestueuses de la nature, et de l'autre la patience et l'industrie humaines qui ont su contraindre une terre sauvage et inhospitalière à leur fournir des moyens de subsistance. Dans ce bassin, qui présente une étendue de huit lieues de longueur sur trois de largeur, se trouve placé un grand nombre de petites montagnes qui paraissent comme arrachées à la masse principale et jetées dans la plaine à laquelle elles donnent une variété prodigieuse de formes et de culture : ici ce sont des crevasses profondes d'où sortent avec fracas des torrens impétueux qui se précipitent des montagnes; là ce sont des vallées arrosées par des ruisseaux ou des rivières, et formant des prairies ; plus loin ce sont des vignobles couronnés par des bois ou des rochers.

Ces montagnes varient dans leur élévation : les unes s'inclinent sur un angle de 20 a 30 degrés, et celles-là sont en grande partie boisées, d'autres, moins élevées et d'une pente moins rapide, forment des coteaux où la culture de la vigne se mêle aux graminées.

On trouve encore dans l'intérieur de ce bassin un grand nombre de coteaux formés par alluvion dans les temps inconnus des révolutions du globe, et composés de sable,

de gravier, d'argile, de grès et de terre végétale. La
variété des formes qu'ils offrent, la diversité prodigieuse
des productions qui les couvrent, la culture de la vigne
en hautins, les bois qui coupent les terres de mille
manières différentes, donnent à cette vallée l'aspect d'un
vaste jardin anglais.

C'est dans la partie méridionale et la mieux cultivée
qu'est située la ville de Belley, qui présente des promenades
agréables, un air pur, des alimens sains et recherchés,
une société aimable; en un mot les charmes de la campagne réunis aux agrémens de la ville.

Il existe en Bugey beaucoup de choses dignes de fixer
l'attention des curieux, qui peuvent être, pour les étrangers,
qui viendront prendre les Eaux, des buts de promenades
aussi instructifs qu'agréables, et que nous croyons devoir
leur indiquer :

La belle chûte d'eau de Cerveirieu, dont les eaux, comme
le prisme, décomposent la lumière et peignent l'iris sur les
rochers.

L'acqueduc de Vieux, creusé par les Romains.

La fontaine Ladouc, qui charrie de vieux clous rouillés
et par fois des monnaies romaines et gothiques.

La profonde crevasse de St.-Germain, où l'eau mugit au
milieu d'énormes blocs de pierres mêlés d'arbres de haute futaie.

L'abondante source d'Artemarre, qui, dans un espace de
sept à huit cents mètres, fait mouvoir trente moulins ou usines.

Les charmantes cascades de la Thouvière, où cent
bassins de tuf reçoivent et vident, au milieu d'érables,
de frênes et de buis toujours verds, une eau laiteuse qui
semble se jouer dans la verdure.

Le lac d'Ambléon où des sapins énormes gissent de temps
immémorial, quoique la montagne n'en offre plus aucun vestige.

La fontaine intermittente de Peyrieu, dont l'eau coule
et s'arrête à des époques régulières.

La magnifique cascade de Glandieu où l'eau se précipite en écume à travers les rochers, tombe en nappe dans de grands bassins, au milieu de toutes sortes d'arbrisseaux, et coule sur des graminées qui pendent dans une étendue de plus de soixante pieds sur la roche humide.

La mosaïque et le taurobole de Virignin.

L'importante sortie du Rhône entre les montagnes de Pierre-Châtel, où l'on voit encore les restes d'un pont construit par les Romains.

Plusieurs grottes et notamment celle de Chalcy, et celle de Baccon-Taccon, qui sont remplies de stalactites et de stalagmites de formes curieuses.

La riche mine d'asphalte qu'on exploite au-dessus de Seyssel, (découverte en 1784 par le docteur Recamier.)

Le lit au Roi... Mais c'est en vain que l'on chercherait ce monument dans le lieu sauvage où le temps l'avait respecté pendant tant de siècles; la démence révolutionnaire a creusé la principale pierre qui porte encore une inscription latine, et c'est à Lavours qu'il faut aller pour voir cette pierre sépulcrale, transformée en un bac où vont s'abreuver les bestiaux du village.

Si l'on veut pousser plus loin, l'on visitera les antiquités d'Isernore et la perte du Rhône.

(2) Hautins. On donne en Bugey le nom de hautins ou hutins à la vigne cultivée en longs treillis parallèles, éloignés entr'eux de cinq à dix mètres, et dans l'intervalle desquels on cultive des céréales et des légumes; ces treillis, qui coupent les coteaux en différentes directions, leur donnent des aspects très-variés; tantôt ils forment des amphithéâtres où la vigne pendante en festons présente à la vue des espèces de gradins; d'autrefois ils offrent des allées et des enceintes de verdure qui encadrent et séparent chaque portion d'héritages.